DENTRO DE
Tanzania Salvaje

BLACKBIRCH PRESS

An imprint of Thomson Gale, a part of The Thomson Corporation

Detroit • New York • San Francisco • San Diego • New Haven, Conn. • Waterville, Maine • London • Munich

LIBRARY OF CONGRESS CATALOGING-IN-PUBLICATION DATA

Into wild Tanzania. Spanish
  Dentro de Tanzania salvaje / edited by Elaine Pascoe.
    p. cm. — (The Jeff Corwin experience)
  Includes bibliographical references and index.
  ISBN 1-4103-0686-0 (hard cover : alk. paper)
  1. Tanzania—Description and travel—Juvenile literature. 2. Zoology—Tanzania—Juvenile literature. 3. Natural history—Tanzania—Juvenile literature. 4. Wilderness areas—Tanzania—Juvenile literature. 5. Corwin, Jeff—Travel—Tanzania—Juvenile literature. I. Pascoe, Elaine. II. Title. III. Series.

DT440.5.I58 2005
590'.9678—dc22   2004029720

Printed in United States of America
10 9 8 7 6 5 4 3 2 1

Desde que era niño, soñaba con viajar alrededor del mundo, visitar lugares exóticos y ver todo tipo de animales increíbles. Y ahora, ¡adivina! ¡Eso es exactamente lo que hago!

Sí, tengo muchísima suerte. Pero no tienes que tener tu propio programa de televisión en Animal Planet para salir y explorar el mundo natural que te rodea. Bueno, yo sí viajo a Madagascar y el Amazonas y a todo tipo de lugares impresionantes—pero no necesitas ir demasiado lejos para ver la maravillosa vida silvestre de cerca. De hecho, puedo encontrar miles de criaturas increíbles aquí mismo, en mi propio patio trasero—o en el de mi vecino (aunque se molesta un poco cuando me encuentra arrastrándome por los arbustos). El punto es que, no importa dónde vivas, hay cosas fantásticas para ver en la naturaleza. Todo lo que tienes que hacer es mirar.

Por ejemplo, me encantan las serpientes. Me he enfrentado cara a cara con las víboras más venenosas del mundo—algunas de las más grandes, más fuertes y más raras. Pero también encontré una extraordinaria variedad de serpientes con sólo viajar por Massachussets, mi estado natal. Viajé a reservas, parques estatales, parques nacionales—y en cada lugar disfruté de plantas y animales únicos e impresionantes. Entonces, si yo lo puedo hacer, tú también lo puedes hacer (¡excepto por lo de cazar serpientes venenosas!) Así que planea una caminata por la naturaleza con algunos amigos. Organiza proyectos con tu maestro de ciencias en la escuela. Pídeles a tus papás que incluyan un parque estatal o nacional en la lista de cosas que hacer en las siguientes vacaciones familiares. Construye una casa para pájaros. Lo que sea. Pero ten contacto con la naturaleza.

Cuando leas estas páginas y veas las fotos, quizás puedas ver lo entusiasmado que me pongo cuando me enfrento cara a cara con bellos animales. Eso quiero precisamente. Que sientas la emoción. Y quiero que recuerdes que—incluso si no tienes tu propio programa de televisión—puedes experimentar la increíble belleza de la naturaleza dondequiera que vayas, cualquier día de la semana. Sólo espero ayudar a poner más a tu alcance ese fascinante poder y belleza. ¡Que lo disfrutes!

Mis mejores deseos,

DENTRO DE
Tanzania Salvaje

NORTEAMÉRICA

Océano
Atlántico

AMÉRICA
DEL
SUR

Océano
Pacífico

EUROPA

ASIA

ÁFRICA

Océano
Indico

Océano
Pacífico

AUSTRALIA

Desde un antiguo
cráter que rebosa
de vida hasta el
legendario Serengueti,
ven conmigo para ver
cómo África cobra vida.

Me llamo Jeff Corwin.
Bienvenidos a Tanzania.

Bienvenidos a Tanzania... donde las cebras recorren el Serengueti y África realmente cobra vida.

Durmiendo bajo un mosquitero.

¡Me acaba de despertar una serpiente! Un agradable descubrimiento por cierto—es una cobra. Imagino que para la mayoría de la gente, ser despertado por una serpiente en medio de la maleza de África sería una pesadilla. Pero para mí, esto es el cielo en la tierra. Ésta es una cobra egipcia. Está mostrando su muy dramática capucha, que despliega para parecer más grande de lo que es.

¡Tú también te despertarías para ver una cobra egipcia!

Como todas las cobras, pertenece a la familia de los elápidos. Lo que la mayoría de los elápidos tienen en común es que producen un veneno neurotóxico en las glándulas detrás de sus mandíbulas. Ese veneno es encauzado por conductos conectados a colmillos fijos.

Mira qué hermosa capucha.

Le gusta comer anfibios. Puedes encontrar a esta criatura a lo largo de los canales desde Egipto hasta Sudáfrica. Voy a liberar a esta serpiente para que podamos iniciar nuestro viaje.

Esta cobra produce un veneno poderosísimo.

Ya que me despertó, empecemos nuestro viaje.

Esta parte de Tanzania es un crisol de vida salvaje, el primero del mundo. Hay un animal y un peligro diferente acechando a la vuelta de cada esquina. Te mostraré lo más que pueda de este sorprendente lugar. Tanzania es una mina de oro por sus únicas y a veces peligrosas serpientes como ésta. Así que supongo que podrías decir que hemos hallado la veta madre.

Se puede ver que había agua corriendo por el cauce de este río hace quizás una semana. Pero el sol lo ha estado secando, hasta convertirlo en un terrón.

Hay algo moviéndose a través de la hierba. Podría ser un varano o una tortuga. ¡Mira esto! Si no hubiera movido esta hierba un poquito, nunca hubiéramos sabido que escondida en esta espesa mata de follaje hay una serpiente colosal. De hecho, es la especie más grande de serpientes en esta parte del mundo.

Algo se está moviendo por la hierba.

Una pitón de roca africana.

¡Caramba, sí que es rápida!

Voy a tratar de envolver su cabeza con mi camisa.

Cuanto más hago esto, más tenso me pongo. Lo que me pone más nervioso es que puede estar en cualquier parte. Y una serpiente como ésta es suficientemente grande para tragarse un pequeño antílope. Conforme crece a lo largo de su vida, puede comerse animales incluso más grandes.

Pero este animal no es venenoso. Fui mordido por pitones antes, y cuando son así de grandes, realmente duele. Tiene un campo de ataque de más o menos 4 pies (1,2 metros). Voy a intentar un viejo truco. Voy a tratar de envolver su cabeza con mi camisa.

Es suficientemente grande como para tragar todo tipo de animales.

Tengo a la pitón en mis manos. ¡Se siente como si me estuviera partiendo el pulgar! Ésta es una pitón de roca africana con dientes grandes. La forma en que la capturé fue produciéndole al animal la menor tensión posible. Usé la vieja técnica del torero, distrayéndola con la camisa y esperando una oportunidad para sujetarla. Lo que estoy tratando de evitar son esos filudos dientes. Te morderá si te acercas demasiado. No es venenosa, pero estás hablando de dientes de un cuarto de pulgada (0,7 centímetros) de largo y afilados como navajas.

Mi cabeza cabe fácilmente entre estas mandíbulas.

Después de que estas serpientes aseguran a la presa con sus dientes, comienza la constricción. Por suerte para mí, sólo me está apretando ligeramente, y no alrededor del cuello. Esta serpiente ni siquiera ha alcanzado su tamaño adulto, pero es más o menos de 10 pies (3,1 metros) de largo y pesa 40 libras (18 kilogramos). ¿Cuán grandes llegan a ser? Ésta es una serpiente que puede llegar a medir 25 pies (7,6 metros) de largo—suficientemente grande como para tragarse un antílope. Hay incluso historias de ellas tragándose jóvenes búfalos africanos. ¿Crees que trataría de comerme?

No es muy probable. Pero imagínate si yo fuera un pequeño antílope. Hubiera encontrado la muerte con este animal escondido que esperaba cazar su comida.

Es un depredador que usa la emboscada como estrategia de caza. ¿Qué tal si era una de ésas de 20 pies (6,1 metros)? ¡Yo hubiera sido un aperitivo!

Uy, ay, está tratando de enroscarse para atacar, así que la soltaré. Se cansa de mí. ¿Y sabes qué? Yo también me canso un poquito de ella, así que vamos a devolverla. Ahí vas, pitón de roca africana.

Un antílope hubiera sido presa fácil.

¡Uy! ¡ay! Creo que ya se cansó de mí.

Una calavera así es señal de que hay cazadores furtivos.

Thomas está resuelto a detenerlos.

Desafortunadamente, la caza furtiva es todavía un problema real en esta parte del mundo. La riqueza de la vida salvaje atrae a los que matan por interés económico. Un guardabosque Masai llamado Thomas Kuya ofreció llevarme a que dé una mirada de primera mano a su trabajo. Va a enseñarnos algunos animales salvajes. Thomas está armado con un rifle porque su trabajo es impedir a los cazadores furtivos que cacen en esta tierra. Todos los animales que viven aquí están en riesgo. Los cazadores furtivos están seriamente decididos a llevarse animales, así que Thomas está seriamente decidido a detenerlos. Está buscando cepos metálicos y trampas. Acaba de encontrar una.

El cazador escondió la trampa con algunas ramas de árbol. Cuando el animal pasa por allí, su pata queda atrapada y el animal termina amarrado al árbol. Thomas ha capturado cazadores en el acto de cometer el delito. Los cazadores pueden ser condenados a siete años o más de cárcel. Si estás cazando en un parque nacional en algunas partes de África, arriesgas tu vida. Ahora hay una trampa menos que cause daño en este ecosistema especial.

Tal vez no es muy fresco, pero este pedazo de estiércol ¡es enorme!

Vegetación pisoteada...

la huella de una pata gigante...

¡Mira esto! No es muy fresco, pero de hecho es una buena señal de que estamos en territorio de elefantes. Has oído de una manzana del camino. Bueno, ésta es literalmente, una manzana gigantesca de los descendientes vivos del mamut, estiércol de elefante.

Aquí ha habido mucha actividad. Puedes ver por donde pasaron estos gigantes y derribaron la vegetación en busca de comida.

Debe haber un elefante cerca.

Tratemos de que no nos aplaste.

Cuando pensamos en elefantes, generalmente pensamos que son gigantes pacíficos. Pero los elefantes pueden ser peligrosos. Nunca te metas con un elefante macho durante la época de apareamiento. Por su parte, las madres no se detienen ante nada para defender a sus crías. Aunque estamos aquí solamente para observar a estos animales y aprender de ellos, si nos acercamos mucho, seremos aplastados. Debemos respetar a estos animales.

Mira por allá.

Lejos en la distancia vemos un montículo marrón. No es un montículo de termitas. Es un montículo de paquidermos, de elefantes. Veamos cuán cerca podemos llegar. ¡Caramba! Ése sí que es un elefante grande. Podría aplastarte fácilmente. Probablemente pesa 12.000 libras (5.440 kilogramos).

Hemos estado rastreando a estos animales por bastante tiempo. Cubrimos bastante terreno y finalmente estamos cerca. Mira a ese macho. ¡Es enorme! Probablemente te estás preguntando por qué este animal está solo. ¿Es un elefante macho solitario? Ésa no es la razón. Cuando un elefante macho tiene entre nueve y catorce años de edad, lo echan fuera de la manada.

¿Ves a ese elefante macho entre los árboles?

¡Este jovencito es enorme! Probablemente pesa doce mil libras.

La matriarca líder lo expulsa. Él puede unirse a una manada de machos adolescentes solteros. Pero cuando llega a este tamaño, cuando llega a pesar 10.000 libras (4.530 kilogramos), prefiere vivir solo.

¡Mira eso! Una madre con su cría.

Thomas acaba de ver a una madre. Su bebé mide 6 pies (1,8 metros) de altura. Pesa 2.000 libras (907 kilogramos) y tiene sólo 2 o 3 años de vida. Uy, ay. No te muevas. Mamá nos está viendo. Esperemos que no nos embista. Si embiste, no corras, porque irá justo detrás de ti. Comenzaremos a alejarnos. Muy bien, ya está yendo. Tuve un poco de miedo. Fue una descarga de adrenalina. Hubo adrenalina corriendo por mi sangre y por la sangre de estos grandiosos animales. Estos elefantes son madres extraordinarias. Arriesgan sus propias vidas por defender a sus bebés. Los elefantes son animales complejos, inteligentes y poderosos. Son dignos de admiración, respeto y mucho espacio.

El cráter Ngorongoro está lleno de cebras y ñus.

Ahora estoy con mi amigo Sadik en el Cráter Ngorongoro. Sólo mide 12 millas (19 kilómetros) de ancho y está literalmente rebosante de animales salvajes. Estamos con suerte, porque durante la migración, cuando los ñus y las cebras atraviesan este lugar, como lo están haciendo ahora, los depredadores aparecen.

Tenemos una madre guepardo con sus dos cachorros. Vamos a deslizarnos despacio y ver cuán cerca podemos llegar. Están cazando. Mira esto—ella atacará. El guepardo va a cazar esa gacela. He visto esto dos veces en mi vida, y cada vez he tenido sentimientos encontrados. Mi yo cazador está emocionado y se excita. Mi otro yo se siente un poco triste, porque un bello y saludable animal ha caído y su vida acabó. Pero así es el ciclo de la vida por aquí.

Guepardos en persecución. ¡Mira cómo vuelan!

Nadie es más rápido que un guepardo.

Ahora ella tiene la presa por la cabeza y los cachorros la quieren. Los cachorros tienen hambre y ahora la mamá va a alimentarlos. Tienen que comer rápido. No hay tiempo que perder, porque esperando alrededor de ellos hay otros depredadores que intentarán quitarles esa presa. Los guepardos están hechos para la velocidad. Están hechos para volar como balas, coger la presa y comersela rápidamente. No están hechos para defenderse. Un guepardo que escoge defender su presa de algo como un leopardo o un león será un guepardo muerto.

Los guepardos jóvenes enfrentan muchos desafíos al crecer. Tienen que competir y lidiar con depredadores, falta de comida y agua. Todas estas cosas hacen que su probabilidad de super- vivencia sea muy baja. La vida es dura para un guepardo. Menos de la

Los cachorros de guepardo tienen que superar muchos peligros para llegar a la edad adulta.

mitad de los guepardos
sobreviven hasta la edad adulta.

Aún entonces, su expectativa de vida en este hábitat es de siete años a lo máximo. Pero hoy es un buen día para estos guepardos. Sus estómagos están llenos, no hay competencia y el sol está brillando. Fue un mal día para la gacela pero un buen día para los guepardos.

Aunque estos dos están gozando de lo lindo.

Hoy es nuestro día de suerte porque estamos a punto de toparnos con uno de los mamíferos vivientes más raros de nuestro planeta. Iremos despacio porque si vamos muy rápido, asustaremos a esos animales, y si se asustan, nos embestirán.

Nos estamos acercando a algunos de los mamíferos más raros del planeta.

Sólo mira a estos rinocerontes negros.

¡No puedo creer que estemos tan cerca de estos animales! Frente a nosotros tenemos un buen ejemplo de lo que queda de esta especie, el rinoceronte negro. Los rinocerontes son extremadamente territoriales, especialmente los machos. Avisan a los otros rinocerontes de su territorio estableciendo un estercolero. Lo que ellos hacen es apilar sus heces así como miccionar, u orinar, en la región. Puede haber estercoleros de 6 ó 7 pies (1,8 ó 2,1 metros) de alto, montículos gigantes que básicamente dicen. "Están en mi propiedad".

La cabeza de esta criatura termina en un cuerno que se tuerce ligeramente sobre la frente. Debajo de ése, tienen un segundo cuerno hacia atrás. Cuanto más grande el cuerno, más impresionantes son para las hembras.

Un cuerno grande trae suerte con las chicas.

Uy, ay, no es buena señal que tenga la cola levantada.

Cuando un rinoceronte negro se molesta, embiste así.

Ahora tiene la cola levantada en el aire y está embistiendo hacia delante. Ésa es la señal de un rinoceronte negro molesto o nervioso. Estos animales pueden alcanzar velocidades de hasta 35 millas (56 kilómetros) por hora—no por un período largo de tiempo, pero suficiente para llegar de allá hasta aquí en pocos segundos y que terminemos patas arriba. Éstas son bestias increíbles. Trágicamente están en peligro de extinción pero aún no sabemos de seguro. Todavía existe la posibilidad de que estos animales sean parte de nuestro futuro. Pero tomará mucho trabajo.

A sólo 3 millas (5 kilómetros) de esos rinocerontes, el rey de las bestias está esperando. Mira este hermoso león. No estamos en un zoológico— esto es de verdad. Hay mucho viento silbando sobre la hierba. El ambiente está zumbando con el viento, la excitación y energía. El león africano es el más grande depredador terrestre en África. Las hembras pesan entre 300 a 350 libras (136 a 159 kilogramos). Los machos pesan de 400 a 500 libras (182 a 227 kilogramos).

Aquí el león africano es el verdadero rey.

El león está sentado en su trono, un risco natural. Esto le da la ventaja de ver presas potenciales a través del valle. Está vigilando a esos ñus, buscando a

Desde este risco hay una vista de todo el valle.

uno un poco lisiado. También está cuidando a sus compañeros. Esto es lo que hace una familia de leones. Lo más probable es que estos dos sean hermanos.

Estos dos probablemente son hermanos.

Para entender cómo estos animales son capaces de apropiarse de esta excelente porción de terreno, hay que saber un poco sobre la sociedad de los leones. Los líderes de la familia son los leones machos.

Debajo de ellos están las hembras. Puede haber de dos a veinte leonas. Cuando la vida es buena, el león tiene su propio territorio. Su comida la cazan las leonas. Él y su hermano o él solo ahuyentan a los otros leones que pasan por este hábitat. Pero si se vuelve un poco débil, ocurre una batalla.

El rey lleva una vida muy cómoda...

y peleará para conservar su trono.

Dos hermanos podrían pasar y apartar al rey de su trono. Tal vez está herido. Ahora se sienta fuera de lo que fue su territorio, humillado, observando mientras los invasores saquean todo lo que él construyó. Ellos no sólo toman posesión de su territorio, también matan a sus cachorros. Esto pone a las hembras en celo, que ahora procrearán con los invasores. Esto es la supervivencia del más apto. Es brutal y repugnante, pero es real y es África. Ahora dejaremos Ngorongoro y saldremos a través del Serengueti.

Éstos son los Masai.

De la tierra hacen este polvo...

...y lo usan para pintarse la cara.

Ésta es la aldea de Mto Wa Mbu. Cada semana la gente se reúne para compartir chismes y contar historias. También es un lugar de comercio. La gente que está haciendo esto son los Masai. La gente Masai está estrechamente ligada a la tierra. Se juntan en este mercado para compartir historias y vender sus mercancías.

Me encantan los olores, la actividad. Este lugar es representativo de la comunidad Masai. Aquí puedes comprar medicina tradicional cosechada del monte. Para esta gente, su farmacia es la naturaleza.

Éste es el material que los Masai usan para pintarse la cara. Está hecho de tierra vegetal. Yo voy a comprar un poco. Con mi nueva compra en la mano, es tiempo de continuar mi exploración de Tanzania.

El Serengueti no ha cambiado en miles de millones de años.

Eso parece la rama de un árbol...

Ahora estamos en el Serengueti. Los Masai lo llaman *Serenget*, o el lugar donde la tierra durará para siempre. Estas 12.000 millas cuadradas (31.080 kilómetros cuadrados) han permanecido virtualmente intactas durante millones de años.

Éste es un árbol de balanita chamuscado por un incendio que atravesó este campo hace tal vez diez años. Lo emocionante de este árbol es lo que está en la copa. Esa rama se está moviendo. ¡Es porque es una serpiente! Ésta es una serpiente arborícola del cabo. Debes ser muy cuidadoso con esta serpiente porque es muy venenosa.

... pero es una serpiente venenosa.

Esta serpiente arborícola del cabo puede abrir la boca en un ángulo de 90 grados.

Este animal ha sido parte de mitos y leyendas africanas por cientos de años. Lo interesante de esta serpiente es que sus colmillos están en la parte trasera de la boca. Mucha gente piensa que por tener colmillos traseros la posibilidad de ser mordido por este animal es menor. Pero no es verdad. Puede abrir su boca en un ángulo de 90 grados y sus colmillos son muy largos. Se lanza, apresa y luego inyecta una poderosa toxina.

Cuando te muerde esta serpiente, no es tan doloroso como muchas otras mordeduras de serpientes. Podrías pensar—me mordió, pero me estoy sintiendo bien. Luego almorzando y riéndote de la historia te sientes excelente. Pero dentro de 24 horas,

Su mordedura puede llevar a una muerte muy sangrienta.

empiezas a desarrollar síntomas. Tus encías empiezan a deshacerse y comienzas a sangrar por dentro y por fuera. Esencialmente, te disuelves. Así actúa el veneno. Necesitas conseguir el suero antiofídico rápidamente.

Me están haciendo sentir un poco bajo.

¿No es genial? Estamos rodeados de jirafas. La jirafa parece moverse muy lentamente. Pero en realidad, la palabra *jirafa* proviene del término árabe *zirafah* que significa uno que se mueve velozmente. Este animal se mueve con velocidad sobre esas largas patas.

De los cascos a los hombros, este animal mide 10 pies (3,1 metros). En total, mide 18 pies (5,5 metros) de altura. Su apariencia engaña, porque sus largas patas parecen moverse en cámara lenta, pero de hecho están yendo muy rápido.

La jirafa es un animal impresionante. Tiene una lengua prensil de 18 pulgadas (46 centímetros) de largo. La jirafa extiende su lengua para envolver la vegetación, y es casi como un dedo que se dobla para sacar la parte más suculenta de la hoja.

Esa lengua mide 18 pulgadas de largo.

Mira la parte de arriba de la cabeza del animal. Tiene cuernos peludos. Pero a pesar de su apariencia suave y blanda, son un excelente mecanismo de defensa. También se usan en los rituales de apareamiento cuando hay dos machos en competencia para acceder a las hembras. Esta conducta se denomina corneada. Las jirafas impulsan su cabeza de atrás para adelante y golpean el cuello de la otra. Esta conducta puede ser mortal. Cráneos y vértebras pueden terminar destrozados al momento de golpear con fuerza al otro animal.

Estas dos se están peleando.

Las jirafas pueden tener una apariencia un tanto extraña, pero son de un diseño perfecto.

Las largas pestañas de la jirafa...

...protegen sus ojos de las espinas.

Hola, preciosa.

Mira esas pestañas de 2 pulgadas (5 centímetros) de largo. Son una excelente defensa contra las hormigas cuando estos animales comen las hojas del árbol de acacia. También son defensa contra las espinas. Cuando las pestañas tocan una espina, la jirafa la detecta y mueve la cabeza para poder comer la vegetación sin arriesgarse a sufrir una herida de ojo. A primera vista, la jirafa se ve un poco rara. Pero al mirarla de cerca puedes ver que este animal está muy bien diseñado.

Si realmente quieres conocer bien una región tienes que experimentarla al estilo local—en su comida y alojamiento. Por unos pocos centavos se puede viajar en uno de estos *mutatus*. Es más barato que el subterráneo de Boston. Y no hay tanta gente.

Hay algo de actividad por allí. Creo que es un ñu muerto. Aquí hay un buitre de dorso blanco. Más allá hay un buitre orejudo. Se juntan con las cigüeñas, las hienas y los chacales para servir de

Los buitres son una parte integral del ecosistema del Serengueti.

guardianes sanitarios del Serengueti. El banquete se ve horrible. Pero recuerda que éste es sólo un ejemplo de cómo la energía fluye a través de este fascinante ecosistema.

Mira cómo dejaron este esqueleto limpio. Se comieron toda la carne. Las costillas no tienen ningún pedacito de carne. Sacaron todas las vísceras. Por eso estos buitres no tienen plumas en la cabeza, para no ensuciarse.

Caramba, estos chicos dejaron los huesos limpios.

Éste es un excelente ejemplo de una aldea Masai. Estoy buscando una camioneta Land Rover, un autobús o algo.

Cruzando una aldea Masai.

No podía dejar pasar esta oportunidad.

Montando bicicleta por el Serengueti. ¡No hay nada mejor que esto!

Quizás debí quedarme con la Land Rover o incluso el *mutatu,* pero no pude resistir la tentación de otro desafío. ¿Cuántas veces habrá la oportunidad de montar bicicleta a través del Serengueti?

Se puede ver el Monte Kilimanyaro a través de los árboles de acacia.

¡Mira el paisaje! ¿Sabes qué? Cuando estaba en mi casa en Nueva Inglaterra y quería escapar de los fríos días de invierno, visualizaba esto. Recuerdo mis pasadas experiencias en África. Un viento tibio acaricia la hierba de la extensa sabana africana salpicada de estos viejos y torcidos árboles de acacia. Y a la distancia se encuentra la impresionante bestia de roca, el Monte Kili-manyaro. Y en algún sitio de las faldas de la montaña está el lugar que hemos venido a explorar, Ndarakwai, un lugar de aventuras, un lugar para la fauna silvestre.

Refrescándonos en el campamento del safari.

Este adorable bebé es huérfano.

Finalmente llegamos al campamento de nuestro safari. Esto es Ndarakwai. La noche puede ser un poco peligrosa aquí en la sabana, especialmente si no estás alerta. Entonces me voy a dormir. Cuando despierte, habrá diez mil acres de maravilloso hábitat esperando a que lo explore. Nos vemos en la mañana.

Ahora bien, éste no es un campamento africano común y corriente. La gente de Ndarakwai se especializa en la rehabilitación de la fauna silvestre y adoptaron a un elefante huérfano. El elefante estaba a solas y hambriento. Muy probablemente, su madre cayó víctima de cazadores furtivos en busca de marfil.

Ahora ya sé para qué es esta botella. Será un bebé, pero nunca le quitaría su botella. ¡Se tomó 4 pintas (1,9 litros) de líquido en dos segundos! Y se acabó hasta la última gota. Quizás tiene unos dos años. Cuando este animalito vino al mundo después de 22 meses de gestación, pesaba alrededor de 200 libras (91 kilogramos).

Ven y toma tu botella.

¿Te vas a tomar todo eso?

Es muy juguetón y fuerte.

A partir del primer año, las crías de elefante empiezan la transición de leche materna a comida sólida. Pero no dejan de amamantar abruptamente. De hecho, estos animales pueden amamantar por cuatro años. Leí de un caso en que un elefante amamantó por diez años. De cualquier modo, la responsabilidad de cuidar de un elefante bebé es enorme, y no es tarea fácil.

¡Qué estupenda manera de terminar nuestro safari en Tanzania!

Me temo que nuestro viaje está llegando a su fin. Pero no se me ocurre mejor manera de terminar nuestro safari en Tanzania que seguir a un elefante hasta nuestra próxima aventura.

Glosario

anfibio animal acuático de sangre fría como la rana

caza furtiva caza ilegal de un animal en peligro de extinción

depredador animal que mata y se alimenta de otros animales

ecosistema comunidad de organismos

elápido tipo de serpiente venenosa

miccionar orinar

prensil adaptado para agarrar

presa animal cazado por un depredador

sabana tierra de pastos tropicales o subtropicales

safari expedición por tierra para cazar o explorar África

terrestre que vive en la tierra

toxina veneno

veneno toxina que usan las serpientes para atacar a su presa o defenderse

venenoso que tiene una glándula que produce veneno para la autodefensa o la caza

Índice